SITZUNGSBERICHTE DER DEUTSCHEN AKADEMIE
DER WISSENSCHAFTEN ZU BERLIN

Klasse für technische Wissenschaften
Jahrgang 1954 Nr. 1

ROBERT ROMPE

ZUR PHYSIK DES ELEKTRISCHEN DURCHSCHLAGES FESTER ISOLATOREN

1954

AKADEMIE-VERLAG · BERLIN

Vorgetragen in der Gesamtsitzung vom 14. Januar 1954
Zum Druck genehmigt am gleichen Tage, ausgegeben am 25. Juni 1954

Erschienen im Akademie-Verlag GmbH., Berlin W 8, Mohrenstraße 39
Veröffentlicht unter der Lizenznummer 1218
des Amtes für Literatur und Verlagswesen der Deutschen Demokratischen Republik
Satz und Druck: Buchdruckerei F. Mitzlaff KG., Rudolstadt (V/14/7)
Bestell- und Verlagsnummer 2010/54/III/1
Preis: DM 1.—
Printed in Germany

Der elektrische Durchschlag fester — auch flüssiger und gasförmiger — Isolatoren führt zum Verlust ihrer technisch wichtigsten Eigenschaft, den elektrischen Strom nur sehr schlecht zu leiten oder zu ihrer mechanischen Zerstörung.

Seit den Entstehungszeiten der modernen Elektrotechnik, d. h. etwa seit der Jahrhundertwende, gilt die Erforschung des elektrischen Durchschlages als ein wichtiges technisches Problem.

Die Eigenschaften von Elektromotoren und Transformatoren, von Energieübertragungsanlagen und anderen elektrischen Einrichtungen werden von der elektrischen Festigkeit der Isolation der Leitungsdrähte wesentlich mitbestimmt. Die gesamte moderne Technik der Großerzeugung elektrischer Energie, ihrer Fortleitung über große Entfernungen, ihrer Umwandlung in andere Energieformen und damit die Nutzbarmachung dieses wichtigen Faktors der Entwicklung der Produktivkräfte können ohne eine intensive Forschung über den elektrischen Durchschlag von Isolatoren nicht auskommen.

Ähnliches gilt auch für die Nachrichtentechnik, zum Beispiel für Sendeanlagen. So ist es nicht verwunderlich, wenn die technische Forschung jahrzehntelang sich mit dieser Frage beschäftigt und eine Fülle von interessanten Feststellungen gemacht hat, die einerseits die technische Weiterentwicklung sicherstellten, andererseits der Physik die Anregung und auch das Material geliefert haben, ein tieferes Eindringen in den Ablauf dieser Erscheinung anzubahnen.

Das Interesse der Physiker an den Fragen des elektrischen Durchschlages ist kaum 30 Jahre alt. Man geht nicht fehl

1*

in der Vermutung, daß einerseits die stürmische Entwicklung der Elektrotechnik immer energischer ihre Fragen an die Physik gerichtet und gleichzeitig die Entwicklung der Quantenphysik den Versuch ermutigt hat, die Erscheinung des elektrischen Durchschlages auf die Kinetik der geladenen Bausteine der Stoffe, vornehmlich der Elektronen, zurückzuführen. Damit wurde aus einem technisch wichtigen Problem eine wissenschaftlich bedeutende Fragestellung. Die Herkunft der Ladungsträger, ihre Beweglichkeit, ihre Energieaufnahme aus einem äußeren elektrischen Feld, ihre Wechselwirkung mit den sonstigen Bestandteilen der Stoffe sind wichtige physikalische Fragen, die uns tiefer in den Aufbau der Isolatoren führen. Die physikalische Forschung über den elektrischen Durchschlag ist ein wichtiges Problem der Physik des Plasmas und der Physik des festen Zustandes geworden. In den letzten 10 Jahren hat das Problem des elektrischen Durchschlages noch an Interesse gewonnen. Vor allem sind es die Festkörperphysiker, die, ausgehend von der von ihnen erkannten Bedeutung des Verhaltens der Elektronen im festen Zustand für den Gesamtaufbau desselben, ihr Interesse in steigendem Maße der Frage des Verhaltens der Elektronen unter so abnormen Bedingungen, wie sie im elektrischen Durchschlag vorliegen, zugewandt haben. Hierbei ist bereits einiges geklärt worden. Manches jedoch ist noch offen. Im ganzen hat man aber einen Überblick über die ganze Komplexheit dieses Phänomens erhalten.

Jeder Isolator verliert mit wachsender Temperatur seinen hohen elektrischen Widerstand. Die Quantenphysik hat weitgehend nicht nur die Existenz von Isolatoren, sondern auch diese Temperaturabhängigkeit ihrer elektrischen Leitfähigkeit verständlich gemacht. Isolatoren sind Stoffe, bei denen die Elektronen normalerweise aus Gründen ihrer Statistik, der Fermistatistik, die ihrerseits mit der Natur des Elektrons zusammenhängt, an die einzelnen Atome oder Ionen des festen oder flüssigen Zustandes gebunden sind. Durch Zufuhr von

Energie können die am wenigsten fest gebundenen Elektronen in einen Zustand kommen, in dem sie sich durch das Gitter bewegen und daher weitgehend als „frei“ angesehen werden können, ohne zu einem bestimmten Atom oder Ion zu gehören. Von besonderer Bedeutung für die Temperaturabhängigkeit der elektrischen Leitfähigkeit eines Isolators ist eine Größe, die wir Ablöseenergie nennen können. Diese entspricht der Ionisierungsenergie des Elektrons eines freien Atoms im Vakuum mit dem einzigen Unterschied, daß bei Aufbringen der Ablöseenergie das Elektron nur so weit frei beweglich ist, wie der betreffende Stoff sich erstreckt. Um das Elektron aus dem Isolator heraus ins Vakuum oder in ein angrenzendes Gas zu bringen, dazu ist noch eine weitere Energie erforderlich, die Austrittsarbeit. Die freibeweglichen Elektronen sind demnach in der kondensierten Phase sozusagen in den Isolator eingesperrt.

Die Ionisierungsenergie einzelner Atome im Gas oder Vakuum ist als eine für das betreffende Atom charakteristische Konstante anzusehen, die gewisse Modifikationen erfährt, wenn die Abstände zwischen den Atomen kleiner werden, und zwar wird sie kleiner mit abnehmenden Abständen. Auch wenn die Abstände zwischen den Atomen von der Größenordnung werden, wie sie im kondensierten Zustand vorliegen, gibt es eine charakteristische Energie, die als Ablösearbeit für den betreffenden festen oder flüssigen Zustand angenommen werden kann. Man kann diese Ablöseenergie für regelmäßige Kristalle in einigen Fällen theoretisch ausrechnen, zum mindesten abschätzen. Man kann sie auch experimentell bestimmen. Im allgemeinen sind die Ablösearbeiten für die Elektronen im kondensierten Zustande kleiner als die meisten Ionisierungsarbeiten freier Atome. Die Wechselwirkung der dichtgepackten Bestandteile eines Kondensates setzt die Bindungsfestigkeit der einzelnen Atomelektronen meistens sehr erheblich herab. Die experimentell ermittelten Werte der Ablöseenergie sind jedoch in vielen Fällen noch sehr viel kleiner, als für das Gitter oder die Flüssigkeit aus den gegenseitigen Abständen der Bestandteile zu erwarten wäre. Diese Diskrepanz wurde aufgeklärt, als man lernte, daß der wirkliche feste Körper, der Realkristall (und noch viel mehr die Flüssigkeit), in einem wesentlichen Punkt vom Idealkristall abweicht, nämlich darin, daß dem Realkristall immer ein mehr oder minder großes Ausmaß von „Fehlordnung" zukommt, die von Fremdatomen oder einer falschen Anordnung der Bausteine herrührt. Derartige Störungen der Regelmäßigkeit des Aufbaues bewirken, daß in ihrer räumlichen Nachbarschaft vielfach sehr viel kleinere Ablösearbeiten der Elektronen auftreten als im ungestörten Gitter. Auf dieser Eigenschaft des Realkristalles basiert die Praxis der Halbleiter. Denn man hat gelernt, die Fehlordnung derselben in gewissem Ausmaß willkürlich zu lenken und zum Beispiel aus extrem guten Isolatoren durch eine passende Behandlung Stoffe zu gewinnen, die bereits bei normaler Temperatur Leitfähigkeiten haben, die mit denen der Metalle vergleichbar sind oder die bei normalen Temperaturen noch recht gut isolieren und bei erhöhten Temperaturen hohe Leitfähigkeiten besitzen, was beides von großer technischer Bedeutung ist. Bei Isolatoren wird man im allgemeinen natürlich den entgegengesetzten Weg einschlagen, die Fehlordnung so klein als möglich zu machen, damit die größte nur mögliche Ablösearbeit der Elektronen realisiert ist, die des ungestörten Gitters. Immerhin gelingt das nicht ganz, und auch gute Isolatoren haben noch eine geringe Leitfähigkeit, wenn diese auch um 15--18 Zehnerpotenz kleiner ist als die des Silbers. Auf Isolatoren, deren Restleitfähigkeit auf Ionenleitung zurückgeht, und noch kleiner ist, soll hier nicht eingegangen werden.

Bringt man einen Isolator in ein elektrisches Feld, so wird ein Strom fließen und damit eine bestimmte Leistung durch die Stromwärme dem Isolator zugeführt werden. Diese Erwärmung wird klein sein. Jedenfalls sollte sie aber wegen der erwähnten Temperaturabhängigkeit der Leitfähigkeit zu einer

Verbesserung der Leitfähigkeit, wenn auch nur einer sehr kleinen, führen. Es sollte deshalb ein Vorgang möglich sein, bei dem allein aus der Existenz der Restleitfähigkeit der Übergang des Isolators aus dem schlechtleitenden Zustand in einen besserleitenden durch Aufnahme von Leistung aus der angeschlossenen Stromquelle möglich ist. Sofern die Leistungsaufnahme nicht begrenzt ist durch äußere Schaltmittel, sollte von einem bestimmten Wert der Leitfähigkeit an die weitere Steigerung derselben schnell erfolgen und eine Erscheinung zustande kommen, die durchaus äquivalent ist dem elektrischen Durchschlag. Auf diesen *Wärmedurchschlag*, wie man ihn nennt, haben Inge, Semjonow und Walter als erste hingewiesen und darauf aufmerksam gemacht, daß die Feldstärke, bei welcher ein plötzliches Ansteigen der Leitfähigkeit und damit der Durchschlag des Isolators eintritt, in diesen Fällen mit wachsender Temperatur und mit wachsender zeitlichen Dauer der Belastung abnehmen sollte. Es hat sich gezeigt, daß eine sehr große Zahl von Isolatoren, darunter auch solchen, die für die Technik wichtig sind, diesen Wärmedurchschlag aufweisen. Eine Theorie des Wärmedurchschlags ist von K. W. Wagner gegeben worden. Der Ablauf eines Wärmedurchschlags ist in der Tat quantitativ gut erfaßbar. Die Stromwärme bewirkt eine Temperaturerhöhung, die jedoch an der Oberfläche wegen der besseren Kühlung kleiner ist als im Innern des Isolators. Deshalb wird die Leitfähigkeit im Innern stärker zunehmen. Da die Stromwärme bei fester äußerer Umgebung proportional der Leitfähigkeit ist, wird das besserleitende Gebiet noch mehr Leistungsenergie aus dem Feld aufnehmen und noch mehr seine Temperatur steigern und so fort. Die Folge davon ist, daß die ursprünglich vorhandene gleichmäßige Stromverteilung durch den Querschnitt immer ungleichmäßiger wird. Der Stromtransport zieht sich immer mehr auf einen verhältnismäßig dünnen Kanal zusammen. Das gerade entspricht dem äußeren Befund des Wärmedurchschlages. Die Temperatursteigerung und damit die Zunahme der Leitfähigkeit hat ihre Begrenzung durch die Schmelztemperatur des festen Zustandes bzw. durch den Dampfdruck. Der für den Versuch typische irreversible Charakter des Durchschlages ist eine Folge davon, daß das Gitter im Kanal zerstört und gegebenenfalls das Material durch den Dampfdruck der Komponenten mechanisch deformiert wird. Aber dieses typisch äußere Bild ist physikalisch nicht das wesentliche. — Zwar ist es wichtig, zu wissen, von welchen Feldstärken an bei gegebenen Abführungsbedingungen für die erzeugte Wärme eine stabile Stromleitung nicht mehr möglich ist, und es ist bestimmt ein Verdienst der Wagnerschen Theorie, daß es das Instabilwerden des elektrisch-thermischen Gleichgewichts zu berechnen gestattet. Physikalisch gesehen ist aber das Wesentliche auch in der noch vollkommen reversiblen Phase des Durchschlages zu erkennen: Die Theorie des Wärmedurchschlages beruht auf wenigen, physikalisch gut gesicherten Erkenntnissen, nämlich dem Auftreten einer Stromwärme, der Zunahme der Leitfähigkeit mit der Temperatur und den Gesetzen der Wärmeleitung. Deshalb hat die Wagnersche Theorie ein hohes Maß an Geschlossenheit. Sie läßt allerdings vollkommen offen die Frage der Ablösearbeit der Elektronen, die — wie oben gesagt — quantitativ für die Zunahme der Leitfähigkeit mit der Temperatur von Wichtigkeit ist, sondern führt diese als eine dem Experiment zu entnehmende Konstante ein.

Man könnte versucht sein anzunehmen, daß damit eine Erklärung aller Durchschlagsphänomene gegeben ist, wenn nicht die Erfahrung der Elektrotechnik und Versuche der Physiker aufgezeigt hätten, daß der Wärmedurchschlag nicht die einzige Form des elektrischen Durchschlages ist, die in der Natur vorkommt. Der plötzliche Anstieg der Leitfähigkeit infolge lokaler Erhitzung des Materials, die Kontraktionen auf den Durchbruchskanal treten auf bei Überschreitung einer bestimmten kritischen Leistung, die von der Wärmeleitfähigkeit des Materials und von den äußeren Kühlungsbedingungen abhängt. Es müßte demnach möglich sein, durch gute Kühlung und durch Verkleinerung der Restleitfähigkeit und damit der primär im Isolator auftretenden Stromwärme extrem hohe Werte der Durchbruchsfeldstärke zu erreichen. Es zeigt sich aber, daß selbst bei noch so kleinen Werten der Leitfähigkeit von Isolatoren ein Durchbruch stattfindet, ohne daß bisher vorher die Erreichung der kritischen Leistung festgestellt werden konnte. Außerdem nimmt in diesem Falle die Durchbruchsfeldstärke nur schwach mit der Temperatur ab oder sie nimmt sogar zu. Diese offenbar mit der Theorie des Wärmedurchschlages nicht übereinstimmenden Fälle wurden unter dem Namen *Felddurchschlag* oder *Rein elektrischer Durchschlag* zusammengefaßt. Das Auftreten dieser zweiten Art des Durchschlages ist, wenn wir mit unserer heutigen Kenntnis der Vorgänge dazu Stellung nehmen, keineswegs überraschend. Die Feldstärken, die z. B. in einem Wasserstoffatom im Grundzustand auf das Elektron wirken, sind in der Größenordnung von mehr als 10^8 V/cm. Ist das äußere Feld vergleichbar oder gar größer als dieser Betrag, so ist die Bindung des Elektrons an das Proton aufgehoben und das Elektron kann sich frei in Feldrichtung bewegen. Dieser Vorgang ist bei der Einwirkung starker elektrischer Felder auf feste Oberflächen bekannt unter dem Namen der kalten oder Feldemission, die bei Feldstärken von 10^7 V/cm merklich wird.

An einzelnen Atomen ist er aus der Spektroskopie bekannt als Präionisation. Bei Feldstärken, die der Präionisation entsprechen, muß selbstverständlich die elektrische Leitfähigkeit zunehmen. Zweifellos gibt es in der Natur Fälle, wo dieser Mechanismus am Felddurchschlag beteiligt ist. Auf diese Möglichkeit hat wohl als erster Zener hingewiesen. Immerhin sind die Durchbruchsfeldstärken fester und flüssiger Isolatoren zwei bis drei Größenordnungen kleiner als der oben angeführte Wert. Die Präionisation ist demnach nicht die einzige Quelle einer mit der Feldstärke zunehmenden Leitfähigkeit. V. Hippel und eine Reihe anderer Autoren haben im Felddurchschlag eine Analogie zum elektrischen Durchschlag im Gas erblicken wollen. Nun ist natürlich ein Gas qualitativ sehr verschieden von einem Kondensat, vor allem hinsichtlich der Größe der Ablösearbeiten der Elektronen, aber auch hinsichtlich der Wechselwirkungsmöglichkeit der Elektronen. Wenn man sich diese Analogie näher ansieht, dann bleibt nicht viel mehr übrig, als daß dem Durchschlag in den verschiedenen Aggregatzuständen gemeinsam sein sollte der Vorgang der Akkumulation der kinetischen Energie der Elektronen im elektrischen Feld, ein Vorgang, der vor langer Zeit grundsätzlich von Gustav Hertz geklärt worden ist. Der elektrische Durchschlag in einem Gas ist nicht weniger als der in einem Kondensat ein sehr komplexer Vorgang, bei dem zweifellos ein Anwachsen der elektrischen Leitfähigkeit durch Stoßionisation der Elektronen, die die dazu erforderliche Energie aus dem Feld akkumuliert haben, vorkommen kann. In der Literatur gibt es eine Reihe von theoretischen Arbeiten von Hippel, Callen, Seitz, Fröhlich, Franz, Heller, die diesen Vorgang behandeln. Sie sind aber meiner Ansicht nach noch keine Theorie des elektrischen Durchschlages, sondern mehr Theorien der Akkumulation kinetischer Energie der Elektronen unter den speziellen Bedingungen des Idealkristalls. Man kann nicht verschweigen, daß, so geistvoll im einzelnen diese Bemühungen auch sein mögen, ihre bisherigen Ergebnisse in keinem Verhältnis zu der aufgewendeten Arbeit stehen.

Die Versuche, die ich mit meinem Mitarbeiter Dr. Böer vor einiger Zeit in Angriff genommen habe, sollten in erster Linie unter neuen Gesichtspunkten Material zur Klärung dieser Frage liefern. Sie haben aber in einigen Punkten eine Klärung der Situation gebracht, die es ratsam erscheinen ließen, diese Arbeit auf einer breiteren Basis fortzuführen. Wir wollten vor allem versuchen, einen kontrollierten Übergang zwischen Wärmedurchschlag und Felddurchschlag an einer gut definierten

Substanz zu finden. Die Versuche wurden ausgeführt an CdS-Einkristallen eigener Herstellung. Diese Einkristalle wurden in der üblichen Weise aus der Gasphase gezogen. Die Bedingungen, unter denen gute CdS-Einkristalle erhalten werden, erfordern einen Aufwand an Reinheit der Ausgangssubstanzen, wie er etwa von der Herstellung von Kristallphosphoren bekannt ist. Die CdS-Einkristalle sind photoleitend. Ihre elektrische Leitfähigkeit läßt sich durch Bestrahlung um viele Zehnerpotenzen, mehr als 10^6, verändern. Aus diesem Grund erschienen sie als geeignete Versuchsobjekte. Natürlich sind viele Besonderheiten, welche technische Isolatoren hinsichtlich des elektrischen Durchschlages haben, bei solchen „reinen" Versuchen nicht zu erwarten. Allein, es erschien uns als genügend wichtig, wenn auch unter vereinfachten Bedingungen, die Grundphänomene zu studieren. Es erwies sich, daß bei Zimmertemperatur die kritische Leistung des Wärmedurchschlages der Kristalle so niedrig lag, daß der Ablauf des Durchschlages selbst bei dem geringen Dunkelstrom, den diese Kristalle aufzeigen, nicht stabilisiert werden konnte. Bei Kühlung mit flüssiger Luft stieg die Grenzleistung auf einige Zehntel Watt, und es wurde dadurch möglich, große Bereiche der Stromspannungscharakteristik unterhalb der kritischen Leistung bei verschiedenen Belichtungsintensitäten und damit verschiedener Leitfähigkeit aufzunehmen. Die Durchbruchsfeldstärken für den Wärmedurchschlag variierten in Abhängigkeit von der Leitfähigkeit, die durch Bestrahlung hergestellt wurde, innerhalb einer Größenordnung. Wurde die Leitfähigkeit durch entsprechend schwache Belichtung sehr klein gehalten, so trat — wie erwartet — vor Erreichung der kritischen Leistung ein Felddurchschlag ein. Und zwar wurde im Bereich des kritischen Wertes der Feldstärke bei Erhöhung der Spannung an dem Kristall eine sehr rasche Zunahme der Leitfähigkeit beobachtet, die reversibel mit der Herabsetzung der Spannung wieder zurückging. Wurde die Stromstärke nicht begrenzt, so stieg die Leistung bald auf den kritischen Wert an und es erfolgte ein Wärmedurchschlag mit den bekannten Erscheinungen der lokalen Zerstörung. Diese Versuche zeigten uns, daß

1. der elektrische Durchschlag tatsächlich sich an eine nur durch die hohe Feldstärke bewirkte Vermehrung der elektrischen Leitfähigkeit anschließt;
2. bei dem elektrischen Durchschlag diese Leitfähigkeitsvermehrung zunächst durchaus reversibel vor sich geht und erst bei Überschreitung der kritischen Leistung irreversible Veränderungen des Kristalls eintreten.

Es war damit jedenfalls gezeigt, daß Felddurchschlag und Wärmedurchschlag, zum mindesten bei den CdS-Einkristallen, miteinander in Zusammenhang stehen. Es liegt nahe, die Vermutung auszusprechen, daß diese zwei Phasen (reversible und nichtreversible) sich auch bei anderen Fällen des Felddurchschlages würden finden lassen, sofern eine Stabilisierung des Ablaufs des Vorganges technisch durchführbar ist. So daß also der irreversible Teil eines Felddurchschlages immer ein Wärmedurchschlag — vielleicht unter nicht quasistationären Bedingungen — sein sollte. Die nächsten Fragen, die uns interessierten, bezogen sich auf die Geschwindigkeit der Elektronen, die unter dem Einfluß des äußeren Feldes in Gitter angenommen wird, und auf die Herkunft der Elektronen.

Bei der Untersuchung der Stromspannungscharakteristik unterhalb der kritischen Leistung dicht unterhalb des kritischen Wertes der Feldstärke für den Felddurchschlag machten BÖER und KÜMMEL die unerwartete Beobachtung, daß einige Kristalle bei Überschreitung einer gewissen Feldstärke schwach zu leuchten anfangen, und zwar emitierten sie das Lumineszenzspektrum des CdS-Einkristalles. Dieses Leuchten erfüllt das ganze vom Feld erfaßte Volumen des Kristalles. Es konnte durch Versuche gezeigt werden, daß eine äußere Anregung durch ultraviolette Strahlung nicht stattfindet. Man kann zunächst annehmen, daß charakteristisch für das Auftreten dieser elektrischen

Anregung oder Elektrolumineszenz die Überschreitung einer Mindeststromstärke ist. Man kann sich aber davon überzeugen, daß das Entscheidende tatsächlich die Feldstärke ist, da unterhalb des Bereichs der Durchbruchsfeldstärke die Elektrolumineszenz auch bei wesentlich höheren Stromstärken nicht auftritt. Es kommt also nicht auf die Zahl der Elektronen an, sondern auf ihre Geschwindigkeit. Der Lumineszenz-Mechanismus der CdS-Einkristalle ist, wie allgemein angenommen wird, durch folgende Prozesse bestimmt:

a) Es entsteht durch äußere Energiezufuhr die Entfernung eines Elektrons aus einem bestimmten, der Fehlordnung angehörenden Bereich (Aktivatorterm).

b) Ein bewegliches Elektron rekombiniert unter Ausstrahlung mit diesem „leeren" Zustand.

Tritt Lumineszenz auf, so muß also die Energie vorhanden sein, um einen leeren leuchtfähigen Zustand herbeizuführen. Bei Belichtung wird diese Energie der absorbierten Strahlung entnommen. In unserem Falle können es nur die Elektronen sein, die durch Akkumulation der Geschwindigkeit aus dem Feld die erforderliche Energie zur Ablösung der Elektronen aus den Aktivatoren liefern. Da die Energie zur Ionisierung solcher Zustände bei CdS-Einkristallen bei ca. 2 Volt liegt, müssen die Elektronen so große Energien im Feld angenommen haben, d. h. 100mal größere als die thermischen. Das Auftreten der Elektrolumineszenz ist also ein direkter Hinweis darauf, daß schnelle Elektronen kurz vor dem Felddurchschlag entstehen, so daß Aktivatorterme ihre Elektronen verlieren. In diesem Zusammenhang sind von Interesse die Untersuchungen von Böer über das Rauschen der Elektronenströmung kurz unterhalb des kritischen Wertes der Feldstärke. Das Rauschen steigt sehr stark an, viel stärker als bei gleichgroßen, durch Belichtung erzeugten Stromwerten. Man kann, wenn auch nicht sehr zuverlässig, aus der Intensität des Rauschens darauf schließen, daß die Elektronen eine Geschwindigkeit haben, die von der oben angeführten Größenordnung ist.

Mit dieser Feststellung ist auch die zweite Frage zum Teil beantwortet, die nach der Herkunft der Elektronen. Unter dem Einfluß der Feldstärke können tatsächlich Elektronen so hohe Energien annehmen, daß sie andere Elektronen aus tiefliegenden Zuständen ablösen können, vielleicht auch aus denen des Grundgitters. Daher steht der Elektronenvermehrung ein sehr großes Reservoir zur Verfügung, und die Leitfähigkeit kann plötzlich auf außerordentlich hohe Werte steigen.

Eine nähere Untersuchung der Stromspannungscharakteristik zeigte jedoch, daß diese mitunter einen bemerkenswerten Verlauf annehmen kann, der darauf hinweist, daß unter dem Einfluß der Feldstärke Elektronen auch aus hochliegenden Thermen ausgelöst werden können, bis dieser Vorrat erschöpft ist. Derartige wenig energiereiche Anlagerungsmöglichkeiten für Elektronen gibt es in jedem Realkristall. In unseren Fällen des CdS-Einkristalles bei tiefen Temperaturen haben die aus diesen Termen ausgelösten Elektronen keinen Einfluß auf den Ablauf des elektrischen Durchschlages, weil die Stromstärke bei der Ablösung dieser Elektronen immerhin noch so klein bleibt, daß die kritische Leistung nicht erreicht wird. Es ist aber klar, daß, wenn die kritische Leistung durch schlechtere Kühlung herabgesetzt wird, ein unmittelbarer Einfluß dieser mit der Fehlordnung des Realkristalles zusammenhängenden Elektronenablösung gegeben ist. Damit findet die starke „Strukturabhängigkeit“, die praktisch auch für den Felddurchschlag beobachtet wird, zwanglos ihre Erklärung.

E. J. Adirowitsch

Einige Fragen zur Theorie der Lumineszenz der Kristalle

(Übersetzung aus dem Russischen)

Weit über den Rahmen des speziellen Titels hinaus gibt der Verfasser eine Monographie der Leuchterscheinungen in festen Körpern und zeigt, wie man daraus wichtige Rückschlüsse auf das Problem des Baues der festen Körper überhaupt ziehen kann.
Der vorliegende Band ist ein gutes Beispiel für eine umfassende Darstellungeines engen Teilgebietes der Physik, bei der auch entscheidende Fragen größerer Bedeutung einer Lösung zugeführt werden.
Da eine eingehende Darstellung der Theorie der Lumineszenz bisher nicht vorliegt, kann diese Arbeit aus der Wawilowschen Schule auf um so größeres Interesse rechnen, als die Kristallphosphore mittlerweile auch technische Bedeutung gewonnen haben und die Physik des festen Körpers eine der ,,Wachstumsspitzen" physikalischer Erkenntnis darstellt.

XII und 298 Seiten - 123 Abbildungen im Text - Gr.8° - 1953 - in Ganzl. DM 19,—

Prof. Dr. S. I. Wawilow

Das Auge und die Sonne

(Übersetzung aus dem Russischen)

Das Werk ist der ,,Verwandtschaft" von Auge und Sonne gewidmet.
Ausgehend von den Vorstellungen des Altertums wird eine leicht verständliche Darstellung unseres Wissens um die Lehre vom Licht, die physiologische Optik und die Erzeugungs- und Erscheinungsformen der Strahlung gegeben. Wawilow, dessen Arbeiten die Physik vielfältige Beiträge zu diesen Fragen verdankt, hat eine Form gefunden, die bei aller wissenschaftlicher Strenge die Verständlichkeit gerade der Grundprobleme sichert.

100 Seiten - 60 Abb. - 14 Kunstdrucktafeln - Gr.8° - 1953 - in Ganzl. DM 8,—

Prof. Dr. S. I. Wawilow

Die Mikrostruktur des Lichtes

(Übersetzung aus dem Russischen)

Der Präsident der Akademie der Wissenschaften der UdSSR hat in diesem Buch eine große Anzahl von Arbeiten seines Instituts zusammengefaßt. Sie behandeln die Fragen der Wechselwirkung zwischen Licht und Materie und der quantenhaften Struktur des Lichtes. Die Schrift stellt damit einen willkommenen Überblick über die Arbeiten und Ergebnisse der Wawilowschen Schule dar.

163 Seiten - 62 Abb. - 1 Kunstdrucktafel - Gr.8° - 1954 - in Ganzl. DM 12,—

In Vorbereitung befinden sich:

A. P. Iwanow

Elektrische Lichtquellen

(Übersetzung aus dem Russischen)

W. A. Granowski

Der elektrische Strom im Gas

(Übersetzung aus dem Russischen)

Bestellungen an eine Buchhaltung erbeten

AKADEMIE-VERLAG BERLIN W 8

MIX
Papier | Fördert gute Waldnutzung
FSC® C083411

Zeitfracht Medien GmbH
Ferdinand-Jühlke-Straße 7
99095 Erfurt, Deutschland
produktsicherheit@kolibri360.de